走进广东湿地

Zoujin Guangdong Shidi——Ziran Guancha Ke

——自然观察课

广东省湿地保护协会　主编

中山大學出版社

SUN YAT-SEN UNIVERSITY PRESS

·广州·

图书在版编目（CIP）数据

走进广东湿地：自然观察课 / 广东省湿地保护协会主编 . —广州：中山大学出版社，2020.11

ISBN 978-7-306-07065-4

Ⅰ．①走… Ⅱ．①广… Ⅲ．①沼泽化地—广东—青少年读物 Ⅳ．① P942.650.78–49

中国版本图书馆 CIP 数据核字（2020）第 228220 号

出　版　人：王天琪

策划编辑：金继伟

责任编辑：金继伟

封面设计：林绵华

责任校对：杨文泉

责任技编：何雅涛

出版发行：中山大学出版社

电　　话：编辑部　020-84110283，84111996，84111997，84113349

　　　　　发行部　020-84111998，84111981，84111160

地　　址：广州市新港西路 135 号

邮　　编：510275　　　　　传　真：020-84036565

网　　址：http://www.zsup.com.cn　　　E.mail：zdcbs@mail.sysu.edu.cn

印　刷　者：佛山家联印刷有限公司

规　　格：787mm×1092mm　1/16　　7.75 印张　150 千字

版次印次：2020 年 11 月第 1 版　　2020 年 11 月第 1 次印刷

定　　价：40.00 元

编 委 会

主　　任：廖宝文

副 主 任：彭友贵　彭逸生

委　　员：吴桂昌　丁晓龙　马燕虹　程　雨

编 写 组

主　　编：许广玲

副 主 编：陈　莹　蔡穗子　郭炳华

编　　委：（按姓氏拼音排序）

　　　　　陈志成　黄　昕　李亚弟　刘经健

　　　　　莫家标　唐绍樟　王楚梅　游鸿业

　　　　　钟　蔚　诸克伟

插画设计：李嘉惠

组织出版：广东省林业局

前　言

　　《走进广东湿地——自然观察课》与大家见面啦！湿地是水陆相互作用形成的独特生态系统，是我们生活环境中的重要组成部分，也是全球三大生态系统之一，被誉为"地球之肾"。湿地是人类文明的摇篮，孕育和传承着人类的文明；湿地是物种基因库，在维护全球生物多样性方面发挥着重要作用；湿地是资源宝库，具有强大的储水功能，同时为我们的生产、生活提供了多种资源。湿地既是独特的自然资源，又是重要的生态系统，也是我们赖以生存和持续发展的重要基础。

　　广东省湿地资源丰富，类型多样，全省湿地有五大类20多型，自然景观优美。本书从广东省典型的湿地植物、湿地鸟类和其他湿地资源入手，将湿地保护、生态环境教育融入小学科学及综合实践活动课程中，通过有目的性的、有针对性的教育和引导，帮助小学生科学地认识人类与湿地的关系，在广大青少年心中播下湿地保护和生态文明的种子。

　　本书汇集了广东省湿地领域专家以及教育工作者的力量，既可以作为小学科学及综合实践活动课程的教材，也可以作为小学生课外阅读的环境教育读物。希望本书能够帮助各位读者对广东湿地有进一步的了解，进而共同爱护我们的湿地资源。

编写组

2020年10月

目　　录

第三单元　湿地鸟类

第四单元　湿地家园

第一单元　走进湿地

第一课　初识湿地

我们昨天去海珠湿地玩了一天。

湿地有什么特别的？

一、什么是湿地

　　湿地的环境和海洋、森林、草原不同。湿地的表面常年或经常覆盖着水或充满了水，有着丰富的水资源和动植物资源。我们身边常见的沼泽、河流、湖泊、水库、水稻田、滩涂等都是湿地，还有低潮时水深不超过6米的浅海水域也属于湿地。

　　让我们走到户外，寻找我们家乡的湿地吧。

深圳华侨城湿地

东莞华阳湖湿地

珠海淇澳红树林湿地

二、湿地的类型

　　我国湿地可以分为五大类型，即近海与海岸湿地、河流湿地、湖泊湿地、沼泽湿地和人工湿地。人工湿地包括库塘、运河/输水河、水产养殖场、稻田/冬水田、盐田等。

　　比较不同类型湿地的特征。观察家乡的湿地，判断其属于什么湿地类型。

湖泊

近海与海岸

河流

沼泽

水产养殖场

库塘

三、广东的湿地

　　广东省湿地资源十分丰富，以近海与海岸湿地类型最多。全省建立了以自然保护区、湿地公园为主体，其他保护形式为补充的湿地保护体系，保护了水禽、水生动物、红树林等重要的湿地资源。截至2020年10月，广东省共有4处湿地被列入《国际重要湿地名录》。

　　尝试找找以下湿地在哪里。

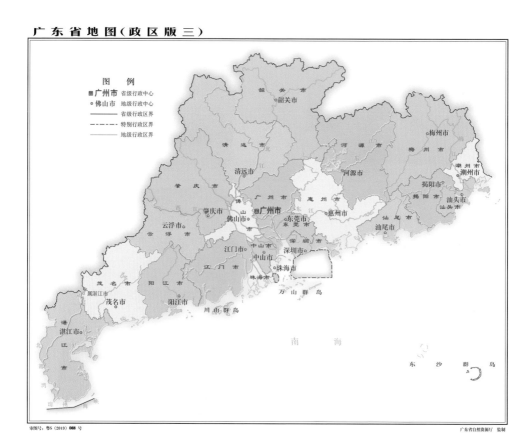

广东省地图（政区版三）

　　地图来源：广东省自然资源厅

　　审图号：粤S（2019）068号

　　注：本图界线不作为权属争议的依据。

韶关孔江湿地

河源万绿湖湿地

肇庆星湖湿地

阳江海陵岛红树林湿地

湛江红树林湿地

广州海珠湿地

第二课 湿地的生态作用

这个湿地里的水好像特别干净。

湿地可以净化水体吗？

我们已经简单了解了湿地的类型，那么，湿地对于生态环境有什么作用呢？

一、湿地的净化功能

湿地像天然的过滤器，当含有杂质和有毒物质（农药、工业排放物等）的流水或生活污水经过湿地时，流速就会减慢，这有利于杂质和有毒物质的沉淀；湿地中的微生物能分解污染物；一些湿地植物还能有效地吸收水中的有毒物质，净化水质。

未经过湿地净化的水

经过湿地净化的水

小知识

　　湿地能够分解、净化污染物，起到"排毒""解毒"的作用，因此被誉为"地球之肾"。

活动：模拟湿地的净化功能

　　取一些小草和碎海绵塞入水管模拟成湿地，从水管的一端倒入泥水，观察另一端流出来的水是否被净化。

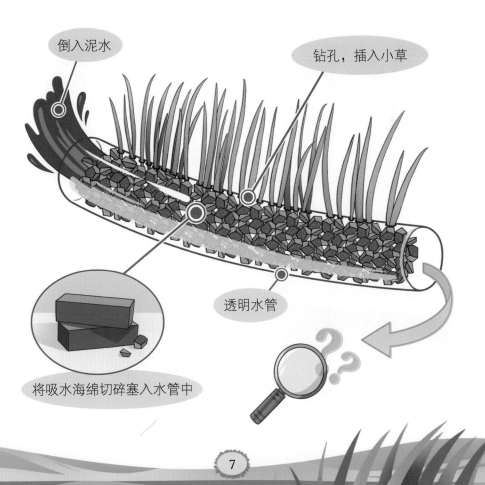

倒入泥水

钻孔，插入小草

将吸水海绵切碎塞入水管中

透明水管

二、湿地的其他功能

湿地里栖息的鸟类

湿地里的弹涂鱼

河边的田螺

湿地里孕育后代的鸟类

湿地里觅食的蛙

保护生物多样性

在我国，从热带到寒温带，从沿海到内陆，从平原到高原都有湿地分布，生态环境类型多样，生物资源十分丰富。湿地多种多样的植物群落和生境条件，为野生动物尤其是水生动物、水禽和两栖动物提供了良好的栖息场所。

我们可以去湿地看看有哪些小动物。

天然 "海绵"

　　湿地在蓄水、调节河川径流、补给地下水和维持区域水平衡方面发挥着重要作用，是蓄水防洪的天然"海绵"。通过湿地的吞吐调节作用，控制时空上降水的分布不均，从而减少旱灾和洪涝的发生。

广东孔江湿地储存的水资源

气候调节器

　　湿地可以吸收二氧化碳并且储存碳，如泥炭地、红树林和海草储存了大量的碳，在缓解温室效应、应对气候变化方面发挥着不可替代的作用。

湿地的作用真大啊！

第三课　湿地资源库

我知道莲藕是在湿地里生长的。

还有哪些食物是来源于湿地的呢？

一、"泮塘五秀"
pàn

生活中有很多蔬菜都是在湿地里种植的。莲藕、荸荠（马蹄）、菱
角、茭白和茨菇是广州泮塘一带种植的五种水生植物，也是饭桌上人人称
赞的美味佳肴的原材料，被誉为"泮塘五秀"。
bí qi
cí gū

茭白

莲藕

菱角

荸荠

茨菇

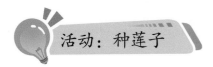 活动：种莲子

莲是湿地里常见的植物，具有很多用途。我们可以按照一定的步骤尝试种植它的种子——莲子。

1 处理种子：小心地切开或者磨开莲子凹进去一端的种皮，处理好后把莲子放入水中浸泡。

2 出芽去皮：浸泡种子时，早晚各换一次水，一般3～4天后莲子就会长出嫩芽，再将它的种皮去掉一圈，等待叶芽长到10厘米左右就可以移植。

3 准备花盆和泥土：花盆底部不能有孔，泥土最好选择塘泥，并且提前加水浸泡。

4 移栽定植：将长有叶芽的种子埋到泥土中，适当加水，水的深度不要没过叶芽。

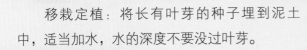

你还想种植其他湿地植物吗？快去了解一下它们的种植方法吧。

5 合理养护：把盆栽放在阴凉的地方，等叶片明显长大后，再移到阳光充足的地方。

活动：分辨莲藕

生活中人们经常食用莲藕。有些莲藕的口感比较软糯，即"粉藕"，适合煲汤或者做成藕泥；有些莲藕的口感则比较脆，即"脆藕"，适合清炒或者凉拌。

任何品种的藕在没有生长成熟时都是脆的，而粉藕只有通过炖煮，口感才会变得软糯，若用其他的烹饪方式也可以做出"脆"的口感。

莲藕的口感与其品种有关，人们根据经验总结了一些不同口感的莲藕的外形特点，以方便在购买时区分粉藕和脆藕。观察下面两种莲藕，尝试找出它们的不同。

莲藕一号

莲藕二号

通过观察和比较，可以发现两种莲藕在颜色、孔数等方面各有不同。我们可以到市场上购买这两种不同的莲藕，尝尝它们的口感是否有区别，并记录下来，学会分辨这两种莲藕。

	莲藕一号	莲藕二号
颜色	黄褐色	银白色
藕节	短、粗	细、长
横切面的孔数	有发育较明显的七大孔	有发育较明显的九大孔
口感记录		

二、岭南佳果

　　广东省大部分地区地处亚热带，光照充足，气候温暖，雨量充沛，适合种植果树。荔枝、龙眼、番石榴、香蕉、阳桃（杨桃）是常见的岭南佳果。广州海珠国家湿地公园（简称"海珠湿地"）曾是万亩果园，现在海珠湿地内仍保留着大片果园。

荔枝

龙眼

番石榴

香蕉

阳桃

你还知道广东湿地里盛产哪些水果？

三、水产资源

湿地有各种各样的水体，能为人们的生活提供鱼类、虾类、贝类和蟹类等多种水产资源。

常见的淡水水产资源

河蟹　　泥鳅　　草鱼　　罗氏沼虾

常见的半咸水水产资源

牡蛎　　鲻鱼（zī）　　斑节对虾　　拟穴青蟹

了解湿地中还有哪些水产资源。

四、中草药材

广东湿地里药用植物资源丰富，一起去观察身边的湿地药用植物吧。

莲子心是莲成熟种子中的干燥幼叶及胚根，具有清心安神的功效，人们常用来泡茶喝。

白茅根是草本植物白茅的根茎，具有清热解毒的功效，经常用于煲汤或者煮茅根竹蔗水。

泽泻是传统中药材之一，具有利水的功效，一般将其块茎晒干后切片使用。

湿地里还有哪些药用植物？去湿地做个实地小调查吧。

药用植物不能随便食用哦，要听从医生的叮嘱。

五、生活用品的原材料

生活中有许多用品都是用湿地植物做的，一起去湿地了解一下吧。

芦苇秆坚韧，纤维含量高，可用于造纸。用芦苇秆造的纸韧性强，保存时间较长。

jiāng dù
茳 芏的秆韧性强，质感柔，晒干后可用来编织草席和草帽。

灯心草茎的内部充满了松软的髓心，具有一定的吸附性，可以吸附油脂。民间多用其白色髓心作为油灯的点火绳（用时浸入油中，一头稍露出油面，用以点火，另一头保留在油中）。

> 观察身边还有哪些日用品是用湿地植物做的。

活动：编织草绳手链

① 取三股长约 30 厘米的草绳，用夹子固定一端，留出 5 厘米的长度。

② 编三股辫。

③ 打结固定三股辫。

④ 剪掉打结的两根草绳，留下中间的一根。

⑤ 简单又好看的草绳手链就编织好了。

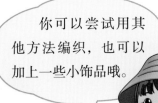

你可以尝试用其他方法编织，也可以加上一些小饰品哦。

第四课 湿地的农业活动

怎样利用湿地的动植物资源开展农业活动?

一、考察身边的湿地

充分利用湿地的动植物资源,建立合理的生态农业模式。考察身边的湿地是如何被用于开展农业活动的。

二、了解常见的湿地生态农业模式

生态农业是一种遵循生态规律，多种动植物间相互依存、相互促进的高效农业模式。湿地生态农业模式主要有果基鱼塘、桑基鱼塘和蔗基鱼塘等。

果基鱼塘

微生物

二氧化碳、水、营养物质

塘泥

浮游生物

根系

塘泥

果基鱼塘的物质循环

广州海珠湿地的鱼塘

果基鱼塘是基塘农业模式的典型代表，通过顺河挖沟、堆土成基、基上种树、涌塘养鱼，形成完整的生态链，保存了生态耕作方式，传承了生态农业智慧。

广州海珠湿地的河涌

广州海珠湿地的果树

桑基鱼塘

桑基鱼塘是一种"塘基种桑、桑叶喂蚕、蚕沙喂鱼、鱼粪肥塘、塘泥肥桑"的高效农业生产模式，是世界传统循环生态农业的典范。

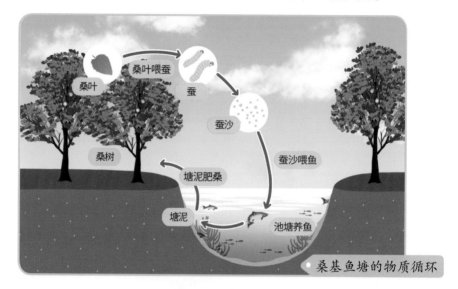

桑叶　桑叶喂蚕　蚕　蚕沙　蚕沙喂鱼　桑树　塘泥肥桑　塘泥　池塘养鱼

● 桑基鱼塘的物质循环

蔗基鱼塘

蔗基鱼塘是种植甘蔗与池塘养鱼相结合的一种生态农业模式，一般在鱼塘边种甘蔗，以蔗叶喂鱼，用鱼粪肥塘，再用塘泥作为蔗地的肥料。

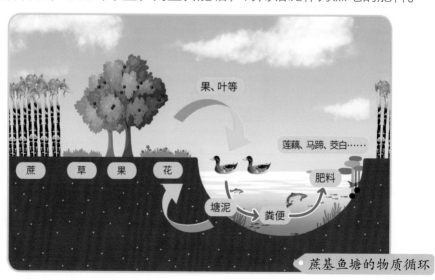

果、叶等　莲藕、马蹄、茭白……　蔗　草　果　花　塘泥　粪便　肥料

● 蔗基鱼塘的物质循环

活动：设计湿地生态农业模式

请把你的设计图展示分享给同学，并说说设计的理由。

锦囊1.禽畜粪便可以促进水里微生物的繁殖，水底的塘泥可以作为植物的肥料。

锦囊2.禽畜粪便经过处理或者经水里微生物分解后可以作为鱼食。

锦囊3.塘基上种的果树、蔬菜等可以用来喂养家禽、鱼、猪等。

锦囊4.游禽的活动可以增加水里的氧气含量。

例　我准备养殖的动物和种植的植物有：

① 鸭子 　　② 鸡 　　③ 荔枝树

④ 鱼 　　⑤ ＿＿＿ 　　⑥ ＿＿＿

⑦ ＿＿＿ 　　⑧ ＿＿＿ 　　⑨……

第 五 课　民俗活动——赛龙舟

好热闹喔！那边正在赛龙舟呢。

端午节的赛龙舟有哪些准备活动？

一、赛龙舟的传统

　　岭南地区河涌交错，湿地丰富，水流缓慢，因此，古代岭南人很早就能熟练地建造和驾驶船艇，很多地方的龙舟比赛正是由当地的赛农艇活动演变而来的。后来，人们会在端午节前后举行一系列的赛龙舟活动。

　　临水而建的村落几乎都会参与赛龙舟这项活动。不同村落的赛龙舟习俗各有不同，但一般都会举行"起龙""采青""赛龙""藏龙"等传统仪式。

　　了解赛龙舟的习俗，并调查自己所在地区的赛龙舟这一特色活动。

1　起龙

端午节前，村民们会在河涌边放鞭炮、摆放祭品祈求平安。然后，青壮年下水将上一年端午节后藏在水底淤泥中的龙舟抬出水面。

"起龙"后，要让龙舟完全"苏醒"，就要经过"采青"的仪式。祭祀时，龙头、龙尾经过重新上漆、贴平安符、点睛等步骤后，会被重新安装到龙舟上，开始"采青"——将之前在河涌边备好的禾秧采至龙舟上。

2　采青

龙船饼

龙船饭

龙船景

"采青"后"赛龙"前，不同村落的龙舟队伍会相互拜访，这就是一年一度的"龙船景"活动。负责"招景"的村落备好龙船饭款待前来"应景"的龙舟队伍。而原本作为干粮带在"应景"龙舟上的龙船饼也成为地方特色小食。

3　赛龙

"赛龙"是整个赛龙舟活动的高潮。在各河涌汇聚的河面上，各村龙舟队伍高手尽出，在龙舟竞渡中一决高下。

"赛龙"结束后，龙头、龙尾会供奉在祠堂或者神庙里，而由于龙舟的木料会在夏季高温干燥的环境中开裂，因此必须"藏龙"于水底淤泥之中。

4　藏龙

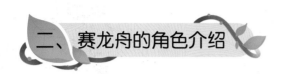

二、赛龙舟的角色介绍

阅读图文资料，了解赛龙舟活动中的几个重要角色。

指挥

多为1人，站立于船头，一般为旗手，起着统一与协调的作用。专业比赛中，指挥常由鼓手兼任。

鼓手

配置1～2人，背对前方坐于船头或站立于船中部，协调桨手动作一致，是全队的灵魂人物。

锣手

1人，与鼓手作用相似，一般位于龙舟中部，专业比赛中常被鼓手代替。

桨手

根据龙舟大小配置5～100人，多以坐姿划船，冲刺或赶超时偶尔会用跪姿。

舵手

不超过3人，多在船尾，长舵手常用站姿，短舵手常用坐姿，在比赛中控制着龙舟的行进方向。

常见的鼓点

常见的鼓点有闲游时"咚咚咚锵"的"游船点子"，有起步时"咚咚锵"的"出船点子"，有激战时"咚锵"的"冲线点子"。当然，每条村落赛龙舟的鼓点都会有各自的特色。

活动：模拟划龙舟

了解赛龙舟的鼓点特色以及握桨、划水的手法，和他人合作，模拟划龙舟。

握桨

划水

1　向前插入水

2　向后上划水

3　转腕向外卸水

第六课 湿地公园规划师

这里是一间湿地科普教育展厅。

湿地公园还有哪些常见的设施?

一、了解湿地公园设施

湿地公园一般以良好的生态环境和多样化的景观资源为基础,以湿地科普宣教、弘扬湿地文化等为主题,并建有相关的设施。

我们以广州海珠国家湿地公园为例,了解湿地公园的设施和区域的规划。

　　海珠湿地水网交织，绿树婆娑，百果飘香，鸢飞鱼跃，具有浓厚的果基农业文化，独具三角洲地区城市湖泊与河流湿地特色，是候鸟迁徙的重要通道。

　　海珠湿地根据自身的特点，在河涌边设置了观鸟塔，建造了栈道，规划了小型都市田园。在宽阔的湖面上开展龙舟竞赛，在水果成熟的季节开展水果文化节等活动。

龙舟赛

观鸟塔

科普馆

栈道

龙眼节

都市田园

观察海珠湿地公园平面图，了解公园是如何根据自身的生态资源和地形进行规划的，设置了哪些设施设备，规划了什么区域。

待月桥

瑶溪怀古

亲水平

蔷薇水廊

环境监测站

海珠

观鸟岛

十香花苑

办公区

云溪流香

二、规划家乡的湿地公园

做一名小小设计师，根据家乡湿地的特点，为家乡现有的湿地公园提供完善建议。

1 常见典型的湿地平面图（河流）

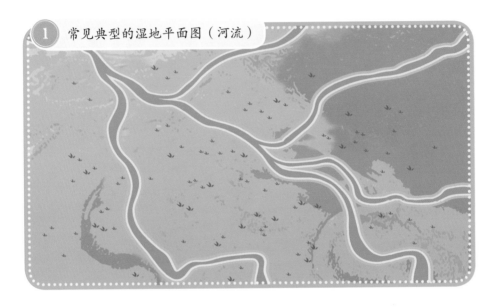

2 常见典型的湿地平面图（红树林）

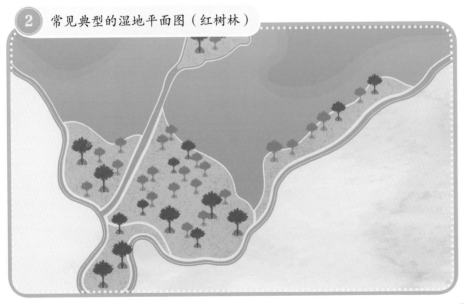

3 常见典型的湿地平面图（沼泽）

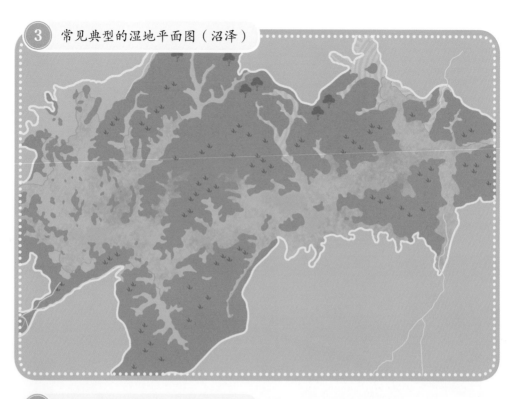

4 常见典型的湿地平面图（湖泊）

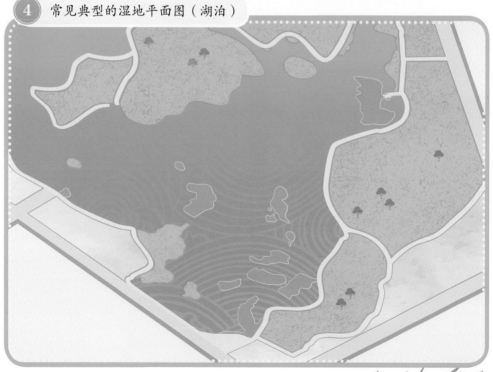

第二单元　湿地植物

第一课 水生植物

湿地里有好多植物。

你认识哪些湿地植物？

一、水生植物的类型

湿地里有许多植物生活在水里，它们在水中的生长形态各异。

下图是湿地里常见的8种水生植物，你能根据它们在水中的生长形态进行分类吗？

水生植物类型示意

水生植物分类表

请对水生植物类型示意图中8种水生植物的生长形态进行分类，并说一说你的分类依据。

植物编号	分类依据
① ⑥	整棵植物都是沉在水底的

湿地里的水生植物主要分为沉水型植物、浮叶型植物、漂浮型植物和挺水型植物。请根据水生植物分类表中的分类，把植物编号填到下方对应的框内。

沉水型植物

浮叶型植物

漂浮型植物

挺水型植物

二、常见的水生植物

湿地里的水生植物有苦草、睡莲、莲等，观察并比较这些水生植物的特点。

茎长40～150厘米，平滑，有分枝。

叶片丝状条形，边缘一侧有细齿。

金鱼藻

叶多为狭长形或丝状。

全株沉入水体，

叶片线形或带形，长20～200厘米。

成熟的雄花浮上水面开放。

苦草

qiàn
芡实

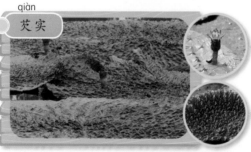

植株能漂浮于水面。

花大色艳，叶片和

花紫红色，挺拔出水。

浮水叶革质，椭圆肾形至圆形，叶脉分枝处有硬刺。

花瓣具有多种颜色，花药条形。

叶片心状卵形或卵状椭圆形，基部具深弯缺。

睡莲

凤眼蓝（水葫芦）

多数以观叶为主。随水流漂泊，

花朵四周淡紫红色，中间蓝色，中央有黄色圆斑。

叶柄中部膨大，内有气室。

大藻

叶片簇生成莲座状，根长而悬垂。

花的佛焰苞白色，外披茸毛。

梭鱼草

穗状花序顶生，上面密生几十至上百朵蓝紫色圆形小花。

叶片较大，深绿色，表面光滑，多为倒卵状披针形。

植株高大，直立挺拔，花色艳丽，挺水开放。

莲（荷花）

花瓣红色、粉红色或白色，花托为莲蓬，开花时为黄色，成熟时变绿色。

叶圆形，叶缘稍呈波浪状，叶面光滑。

在课余时间和爸爸妈妈到湿地里去找一找这些植物吧。

第二课 海边的红树林

我见过海边的红树林。

红树林是红色的吗?

一、"红树林"名字的由来

单宁是植物用来保护自己、具有防腐防蛀效果的物质,味道苦涩,在茶叶及未成熟的柿子里面都含有该物质。

红树植物树皮的韧皮部富含单宁,当劈开树皮,单宁接触空气后被氧化变成红色,这就是"红树林"名字的由来。

二、常见的几种红树植物

红树林里的植物有很多种，常见的有秋茄、老鼠簕、海漆、桐花树、木榄和白骨壤6种，我们一起来了解一下吧。

秋茄

秋茄是我国沿海红树林里常见的植物，请你观察一下它的根部，看看有什么特点。

单叶对生，叶子椭圆形或近倒卵形。

花白色，有5片细长的花瓣。

胚轴味道酸涩，可作药用。

具有板状根或支柱根。

小知识

秋茄是华南地区红树林里的优势植物种类，主要分布在红树林群落向海的前缘地段。

老鼠簕

单叶对生，革质，叶片边缘有刺，称为"簕"。

穗状花序顶生，花冠白色或蓝紫色。

观察下面的图片，猜一猜为什么它叫"老鼠簕"？

海漆

叶片厚，椭圆形，顶端短尖且钝，叶的网脉不明显。

花雌雄异株，雄花序长3～4.5厘米，雌花序较短。

雄花序

果实有3
沟槽。

海漆树体内分泌
的白色乳汁有毒，可
以引发皮肤发炎，入
眼会导致失明。

没有支柱根，
为匍匐根。

桐花树

桐花树又名蜡烛果，你觉得它的哪一部分像蜡烛呢？

叶面上有盐腺

伞形花序顶生

果实弯曲

小知识

桐花树常出现在红树林外缘，有红树林的地
方一般会有桐花树分布。

木榄

树皮灰黑色，有粗糙裂纹。叶顶端短尖，叶柄暗绿色，托叶淡红色。

膝状根

白骨壤

指状根

枝条有隆起条纹。叶片近无柄，顶端钝圆。花冠黄褐色。果实近球形。

小知识

白骨壤是耐盐和耐淹能力最强的红树植物之一。

你能说一说木榄和白骨壤的根部有什么不同吗？它们分别和我们身体的哪一个部分很像呢？

活动：记录你印象最深的红树植物

请把你印象最深的红树植物画下来，并告诉同学你画的是哪种红树植物。

记录人：小明　时间：2020.7.28

在海浪较大的地方，我却有发达的支柱根，稳稳撑住整棵植物。

观察记录表

记录人：　　　　　　时间：

三、红树林的特殊功能

在印度泰米尔纳德邦的海岸边，生长着一片茂密的红树林，距离海岸几十米远处有一个小渔村。2004年印度洋海啸来袭，在造成周边的多个国家和地区人员伤亡时，这个小渔村却幸运地躲过了海啸的袭击。

思考：为什么这个小渔村可以逃过海啸的破坏？

第 三 课　湿地植物的故事

哇！这是什么？

难道是植物的根吗？

一、"水陆怪杰" —— 落羽杉

落羽杉能在水、陆两种环境中生长。水边土壤潮湿，空气含量极少，普通植物会因根系缺氧而死亡。落羽杉为了适应潮湿的环境，形成了千奇百怪的呼吸根，这些呼吸根露出潮湿的地面，可以更好地吸收和运输空气，使落羽杉能适应潮湿的土壤，甚至可以在水中生长。

岸边的落羽杉

呼吸根

水中的落羽杉

落羽杉因为有特殊的呼吸根，可以在水中和陆地生长，所以，人们给落羽杉起了个外号——"水陆怪杰"。

落羽杉有一个"近亲"——池杉，它们形态特征很相近。观察落羽杉和池杉的叶子，你能找出它们的不同之处吗？

落羽杉

池杉

小知识

落羽杉的小叶为条形，排成羽片状；池杉的小叶为钻形。

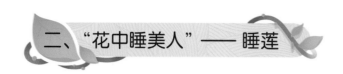

二、"花中睡美人"——睡莲

睡莲是多年水生草本植物，叶纸质，心状卵形或卵状椭圆形。睡莲的花能够有规律地开放和闭合。

观察下面的图片，睡莲的花在中午和傍晚有什么区别。

中午

傍晚

睡莲不会"睡觉"，但它的花会有规律地在白天开放，在晚上闭合。

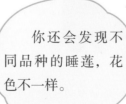

你可以在中午和傍晚去公园观察睡莲的花的变化，记录开闭变化的规律。

你还会发现不同品种的睡莲，花色不一样。

三、"水中蜡烛" —— 水烛

花序

水烛是多年生植物，属于水生或沼生草本。雌雄花序均为褐色，如圆柱状。这些花序的形状很特殊，像一根根蜡烛，"水烛"因此而得名。

雄花序

雌花序

水烛的雄花花序在雌花花序的上方，雄花成熟后花粉会掉落并附着在雌花上进行传粉受精。

水烛是一种重要的水生经济植物。

雄花花粉是一种中药——蒲黄。

雌花花序可作枕芯和坐垫的填充物。

四、"暗藏机关"的再力花

再力花是多年生挺水草本植物。花柄可高达 2 米以上，顶端开出许多紫色小花朵，形状非常特殊。

花开放后，当昆虫钻进花朵并触碰到暗藏的"机关"时，花柱迅速弹出、卷曲，将昆虫夹住，从而接触到昆虫身上所携带的花粉。

你知道再力花是如何传粉的吗？

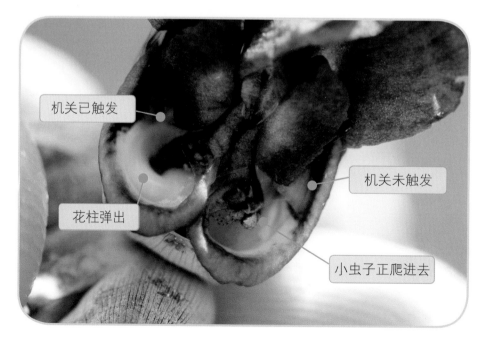

机关已触发

机关未触发

花柱弹出

小虫子正爬进去

植物观察小技巧

　　观察植物一般需记录时间、种名、生境等信息，我们可以将观察到的植物信息记录在植物观察记录表中。

植物观察记录表

观察时间：　　　　　　地点：　　　　　　记录人：

序号	种名	科名	属名	生境	类型
01	白兰	木兰科	含笑属	路边	乔木
02					
03					
04					

　　如果遇到不认识的植物，可以通过拍照或者手绘的方式记录植物的形态特征，再查阅资料辨认物种。

拍照记录

　　尽可能清晰地记录更多的信息，最好能拍到植物开花的照片，至少拍一张局部和一张整体的照片。

绘图记录

　　手绘记录植物要画出叶子形状大小、着生方式和花的形态，再用文字对植物特征进行简单的描述。

局部　　　整体

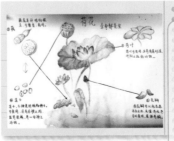

注意：一定要在老师或家长的带领下才可以到野外观察，不可随意采摘植物。

49

第四课　湿地植物的妙用

我知道草可以用来造纸。

湿地里有哪些植物可以造纸呢？

一、能造纸的纸莎草

纸莎草是多年生常绿草本植物，植株可高达1米。花期在夏季。生活在湿地的浅水区域。仔细观察下图，总结纸莎草有哪些特征。

花呈伞形，长在秆的顶部。

秆呈三棱形，不分枝。

叶退化呈鞘状，包裹着秆的底部。

活动：用纸莎草造纸

由于纸莎草的秆结构特殊，古代人把纸莎草的秆通过一定的工序加工后，制作成可用于书写的纸张。

① 采集纸莎草，去掉叶子和花，洗净并去掉外皮。

② 将留下的秆劈成薄片，用水浸泡至坚韧。

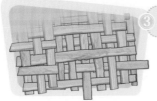

③ 将薄片挤尽水分并纵横交织起来。

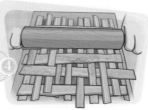

④ 用碾压的方式使秆的纤维更好地黏结。

⑤ 压制成型后晒干。

⑥ 裁剪后就可以用于书写了。

二、能驱蚊的辣蓼

辣蓼是一种草本植物，植株高可达70厘米。初夏开花，秋季结果。常见于近水阴暗处。

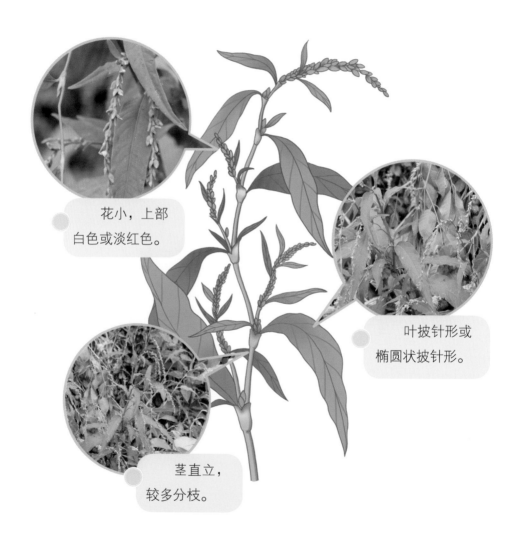

花小，上部白色或淡红色。

叶披针形或椭圆状披针形。

茎直立，较多分枝。

辣蓼与其他草本植物相比有一个奇特之处：它的植株内含有一些特殊成分，能散发出辛辣气味。蚊子非常不喜欢这种气味，因此，辣蓼具有驱蚊的作用。

活动：用辣蓼做个驱蚊包

古代的人们在利用辣蓼驱蚊时，会根据使用场所的差异制作出不同的驱蚊包。我们也可以利用辣蓼来做一个驱蚊包。

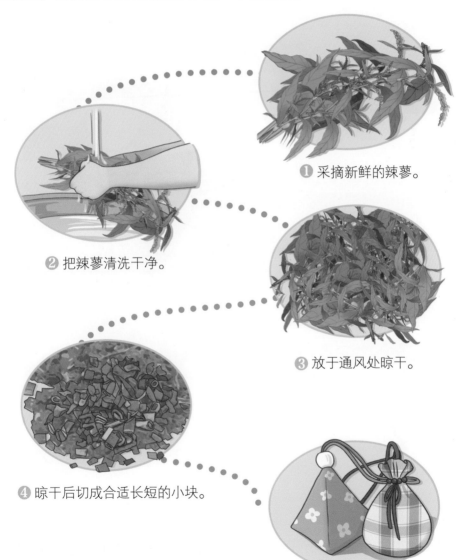

❶ 采摘新鲜的辣蓼。

❷ 把辣蓼清洗干净。

❸ 放于通风处晾干。

❹ 晾干后切成合适长短的小块。

❺ 用布料进行包装。

第五课 包粽子

端午节的习俗真多啊。我们一起来包粽子吧。

你知道湿地里有哪些植物的叶子可以用来包粽子？

端午节是中国民间盛行的传统节日。由于我国地域广阔，各地的端午节习俗不尽相同。每年端午节前后，赛龙舟、挂艾草与菖蒲、包粽子、九狮拜象、游旱龙等诸多特色节庆活动在全国各地展开，既传统又创新，形式多样。

一、包粽子的材料

包粽子需要提前准备粽叶、包扎绳、浸泡好的糯米（或红米）、馅料等。不同地区所用的粽叶和馅料不同，常见的馅料有猪肉、咸蛋黄、红枣、花生等。

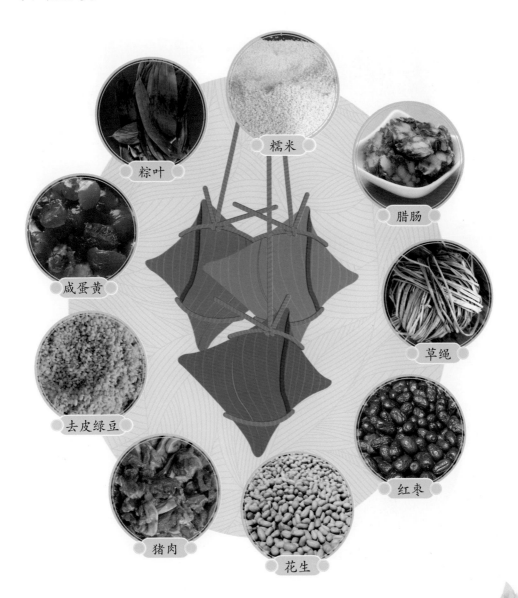

粽叶

糯米

腊肠

咸蛋黄

草绳

去皮绿豆

猪肉

花生

红枣

二、各式各样的粽叶

不同地区的人们根据当地植物条件，用不同的阔叶植物的叶子包粽子。包粽子用的叶子需要具备三个特点：有清香味、经水煮后不破、叶面较大。通常南方地区爱用箬^{ruò}叶包粽子，而北方地区则偏向于用芦苇叶。

箬叶与箬叶粽

三、湿地里的粽叶原材料

可用来包粽子的湿地植物叶子有 柊^{zhōng} 叶、芭蕉叶、荷叶等。

柊叶

用柊叶一般可以裹出重三四两①的大肉粽，其味清香，岭南地区常用其包粽子。

————————

①1两=50克。

芦苇叶

北方地区用芦苇叶包粽子居多。

芭蕉叶

南方地区也有用芭蕉叶包粽子的。

荷叶

　荷叶清香，包出的粽子也清香可口。

露兜树叶

多用于包长条形粽子。

四、怎样包粽子

我们来了解一下包粽子的过程。

1 把糯米洗干净，放入水中浸泡至米粒变软。同时，准备好馅料。

2 把粽叶清洗干净，在沸水中煮3～5分钟，沥干水。

3 用2～3片粽叶叠放，折成漏斗形。

④ 先放一些糯米，然后加入馅料，最后再放一些糯米压实。

⑤ 将突出的粽叶折叠封口，用草绳或棉线扎紧。

 活动：模拟包粽子

　　四人一组。可以用报纸模拟粽叶，用纸团模拟糯米及馅料，比比看哪个组包的粽子最结实、最好看，选出最佳包粽子组。

第三单元　湿地鸟类

第 一 课　有趣的观鸟活动

看！他们在观鸟。

他们都带了望远镜。还需要其他装备吗？

一、什么是观鸟活动

　　观鸟活动是在不影响野生鸟类正常生活的前提下，在自然环境中利用望远镜等设备观察鸟类的一种户外活动。我们怎样才能观察到鸟儿呢？

观察树林和田间的小鸟，最佳的观察时间是清晨至上午10点或傍晚5点至7点。

观鸟时，先倾听鸟儿的叫声，顺着声音发出的方向用望远镜观察，同时注意移动的物体。

二、观鸟利器——望远镜

当我们用肉眼观察时，看到的图像往往会比较模糊；走近观察时，又容易惊飞鸟儿。这时，我们可以借助望远镜清晰地观察鸟儿的特征。

肉眼观察

望远镜观察

望远镜是观鸟活动的常用装备。在不同的环境中使用不同的望远镜进行观察。

双筒望远镜

屋脊型

保罗型

单筒望远镜

活跃的鸟儿适合用双筒望远镜观察，相对静止、距离远的鸟儿则适合用单筒望远镜观察。

在双筒望远镜中，屋脊型望远镜比保罗型望远镜更轻便，不容易出现机械故障，更适合在观鸟活动中使用。

活动：使用双筒望远镜

1 调节眼杯

观鸟时根据个人实际情况，将眼杯旋起或旋下，使眼睛和目镜保持适当的距离。

2 调节瞳距

当视野中出现两个图像时，将镜身展开或合拢并成一个图像。

3 对焦

慢慢转动调焦手轮对焦，调节到图像清晰即可。

带上望远镜，和家人、同学一起到户外观鸟吧。

使用单筒望远镜

使用双筒望远镜

三、观鸟装备及工具书

观鸟前，我们应该做好防护工作，携带好观鸟装备等。

观鸟装备

装水、书籍、笔记本、笔等物品的背包

双筒望远镜

用于查询的手机及拍照记录的相机

遮阳帽

单筒望远镜

颜色贴近大自然的衣服

多口袋的衣物

舒服的鞋子

观鸟时，我们可以查阅《中国鸟类野外手册》等观鸟工具书，以帮助我们了解更多关于鸟类的知识。

观鸟工具书

中国鸟类野外手册

观鸟手册

野鸟观察指南

四、识别观察到的鸟种

在观鸟活动中，我们常常不能清楚地描述鸟儿的特征。可以根据右图了解鸟的各部位名称，便于更准确地描述。

冠羽

头

枕

喙

覆羽

胸

腰

腹

臀

足

尾

huì

珠颈斑鸠的头部为褐灰色，喙黑色，颈部两侧为黑色，颈上布满像珍珠一样的白色斑点，足红色。仔细观察珠颈斑鸠还有哪些特点并进行描述。

活动：观鸟记录

在观鸟活动中，及时记录鸟的主要特征，便于我们查阅资料及判断鸟种。以下为几种观鸟记录小技巧。

观鸟记录表

日期：　　　　　　地点：　　　　　　记录人：

编号	鸟的特征	时间	数量	生境	备注
01	头部黑色，臀部红色	8:23	2	树丛中	听到鸣叫
02	通体黑色，喙黄色	8:50	3	树丛中	
03					
04					
05					

拍照记录

绘图记录

叉尾太阳鸟（雄）

棕背伯劳

第二课 水中的"仙子"

水边的这些白色的鸟像仙子一样。

这是什么鸟?

一、水边常见的鸟种

广东省的湿地有丰富的水资源,在水边生活着许多鸟类,观鸟爱好者常把它们称为"水鸟"。湿地里有哪些常见的水鸟?

白鹭
中等体型,通体白色,体长约 60 厘米。体羽白色,喙黑色,脚趾黄色。

大白鹭
体长约 95 厘米。体羽白色,喙黄色,脚趾黑色。

夜鹭

体长约 61 厘米。体形较矮胖，颈较短，虹膜血红色，喙黑色。繁殖期头顶至背呈蓝黑色，枕部有 2 ～ 3 条白色长饰羽。

体长约 47 厘米。繁殖期头部及颈部呈深栗色，喙黄色（冬季），喙尖黑色。

池鹭

二、水边珍稀的鸟种

湿地中还有一些珍稀的鸟类，例如黑脸琵鹭、白腹海雕与勺嘴鹬等，它们是湿地生态系统中的珍贵物种。

黑脸琵鹭

体长约 76 厘米，有琵琶形状的黑色喙，脸上有大片裸露的黑色皮肤。冬季在广州市南沙湿地、深圳市深圳湾可以找到它们的身影。国家二级保护动物。随着广东省对黑脸琵鹭的保护，它们的数量在不断增加。

白腹海雕

　　白腹海雕是隼形目鹰科海雕属的鸟类，属于大型猛禽，体长约 70 厘米。头部、颈部、胸部、腹部白色，两翼、背部灰色。尾部楔形。栖息于海岸、水边树上或岩石上，主要捕食鱼类、海蛇，有时也会捕食鸟类等。国家二级保护动物。

勺嘴鹬

　　勺嘴鹬因喙呈勺状而得名。体长约 15 厘米，虹膜深褐色，脚黑色。黑色喙部较短且喙端呈明显勺状，觅食时主要用喙在水下或淤泥里来回扫动寻找食物。勺嘴鹬分布区域狭窄且数量稀少，在世界自然保护联盟 2018 年发布的《濒危物种红色名录》3.1 版本中被列入"极危"级别。

中华凤头燕鸥体长约 40 厘米，喙黄色，具有较宽的黑色尖端。主要栖息于海岸与岛屿。由于它神秘消失多年后再次出现，学者们称它为"神话之鸟"。在湛江红树林国家级自然保护区也发现其踪迹。

中华凤头燕鸥

湿地中还曾出现极其濒危的鸟种，人们对其知之甚少。尝试查阅资料，了解更多湿地中的鸟种。

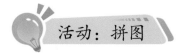

活动：拼图

试着完成拼图，观察并说出鸟的名字。

第三课 林中的"精灵"

每次去树林里都会听到小鸟叽叽喳喳地叫。

树林里有哪些常见的小鸟呢?

一、林中常见的鸟种

湿地的树林里生活着很多小鸟,它们在林间觅食,在枝头欢唱,在树丫筑巢,在空中飞舞。仔细观察,树林里有哪些常见的小鸟。

乌鸫和八哥的外形很相似,你能分辨出它们吗?

雄乌鸫

雌乌鸫

乌鸫

八哥

雄乌鸫全身黑色,有黄色眼圈和喙。雌乌鸫全身黑褐色,没有明显的黄色眼圈,喙暗褐色。

八哥通体黑色,前额有长而竖直的羽簇,喙浅黄色,足暗黄色,翼上有白色翼斑。

有几种常见的鸟类比较相似，一起来分辨一下。

白喉红臀鹎　白头鹎　红耳鹎

仔细观察这三种鹎有什么相同和不同的地方？

林中常见的三种鹎（bēi）

鸟名	体长	主要特征	局部图
白喉红臀鹎	约20厘米	喉部白色，臀部红色	
白头鹎	约19厘米	额部至头顶黑色，眼后至枕部有白色羽毛	
红耳鹎	约20厘米	头顶有直立黑色冠羽，眼下后方有鲜红色斑	

这两种鸟又有什么相同和不同的地方？

暗绿绣眼鸟　叉尾太阳鸟(雄鸟)　叉尾太阳鸟(雌鸟)

林中容易混淆的两种鸟

鸟名	体长	主要特征	局部图
暗绿绣眼鸟	约10厘米	上体橄榄绿色，眼周有一白色眼圈	
叉尾太阳鸟（雄性）	约10厘米	喉斑深红色，头顶至后颈呈金属绿色	
叉尾太阳鸟（雌性）	约9厘米	上体橄榄色，下体浅绿黄色	

二、林中珍稀的鸟种

在湿地的树林里还有一些珍稀鸟种，它们数量较少，不易被观察到。我们一起来了解它们吧。

蛇雕

蛇雕专门以蛇为食，它锋利的爪子和坚硬的喙都会让蛇无处可逃。我们比较容易在中午的时候看到它。

八声杜鹃的雌鸟会把蛋产到其他鸟类的巢里，由其他鸟类抚养。这属于巢寄生现象。

八声杜鹃

仙八色鸫

仙八色鸫体表色彩艳丽。每年5月，在南岭国家森林公园等地有机会看到它的身影。

松雀鹰主要捕食鼠类、小鸟、昆虫等动物，喜欢在乔木上筑巢，用树枝编成皿状。

松雀鹰

在广东的湿地中，还有哪些珍稀的鸟种呢？请通过查阅资料进一步了解。

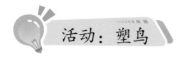

活动：塑鸟

塑鸟是许多中小学生喜爱的活动，我们可以根据准备的材料来塑造自己喜欢的鸟儿。

1 选择鸟种

选择自己熟悉或者喜欢的鸟种，准备好该鸟种的图片。

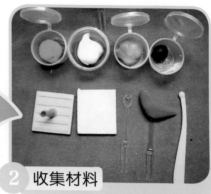

2 收集材料

根据选择的鸟种，准备不同颜色的轻黏土和其他装饰物品。

3 分工制作

分别制作所选鸟种身体的各个部分。

4 组合成品

对各个部分进行组合，完成作品。

5 评价

根据所选鸟种的特征，对塑造的鸟相互进行评价。

第四课　不同形态的鸟足

我知道这是两种鸟的足。

他们可能生活在哪里呢?

一、同一环境中的鸟足的形态

这三种鸟都生活在水边,它们的足有什么共同的特征呢?

卷羽鹈鹕 tí hú

白骨顶

斑嘴鸭

这三种鸟的脚较短,趾间有蹼,善于游泳、潜水。

二、更多形态的鸟足

仔细观察不同形态的鸟足，会发现它们的形态特征与生活环境相关联。

这种鸟足最明显的特征是两趾向前，两趾向后，有利于攀缘树木。

这种鸟足较短而强健，三趾在前，一趾向后，后趾可与前趾对握，适合于在树上栖息和在地上行走，具有适合于掘土挖食的钝爪。

长有这种足的鸟通常有"三长"——喙长、颈长、脚长。适合于涉水行走，不适合游泳。

长有这种足的通常是喙小而强的小型鸟类，脚较短，多数种类在树上生活。

这种鸟足强而有力，趾有锐利钩爪，嘴强大呈钩状，翼大善飞，适宜捕食其他鸟类和鼠、兔、蛇等，也食动物腐尸。

三、鸟的不同生态类群

在同一环境中生活的鸟类，它们的足往往具有相似的特征。根据鸟的生活习性和形态特征，可以把鸟分为几个生态类群：鸣禽、攀禽、涉禽、陆禽、猛禽和游禽。

鸣禽大多数属小型鸟类，脚短而强。除了观察鸟足，我们还可以根据其叫声来进行判断。

鸣禽

攀禽的足两趾向前，两趾向后。我们可以在树枝、树干上很容易地找到攀禽的身影。

攀禽

涉禽生活在水边，它们的脚都比较长，占身体的比例大。

涉禽

陆禽的脚短而强健，三趾在前，一趾在后。我们看到的在地面上能够矫健行走的鸟，大多属于陆禽。

陆禽

猛禽的脚强健有力，趾有锐利钩爪，以捕捉其他动物为食，善于飞行，冲刺能力极强。

猛禽

游禽游泳时脚向后伸，趾间有蹼，生活在水面，主要捕捉水中的鱼虾为食。

游禽

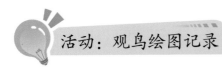

活动：观鸟绘图记录

尝试将你观察到的一种湿地鸟种用图画和文字记录下来。

观鸟绘图记录

时间：2020.6.25 上午 ☀ 31℃
地点：海珠湿地
记录人：曾纪源

暗绿绣眼鸟

小型鸟类，体长9~11厘米。
身体上面是绿色，下面是白色。
眼周围一圈是白色，喉和尾下
覆羽淡黄色。留鸟，栖息于
阔叶林中，以小昆虫、小果子
和花蜜为食。

第五课 做一个鸟巢

这是燕子的巢吗？

其他鸟筑的巢也一样吗？

一、各种各样的鸟巢

到了繁殖的季节，鸟儿就会筑巢，为即将诞生的鸟宝宝准备一个安全的家。而鸟爸爸和鸟妈妈天生就有寻找安全筑巢地点的本领。

燕子的巢

白鹭的巢

观察下面几种鸟的巢，比较有什么不同之处？

燕子喜欢利用泥巴和枯草来筑巢，这样筑的巢比较结实。

燕子筑巢

长尾缝叶莺是"造房高手"，它会选择 1～2 片青绿新鲜的叶子，用植物纤维等将叶子缝在一起筑成巢，为鸟宝宝遮风挡雨。

长尾缝叶莺的巢

通常来说，鸟类会在筑巢地点附近寻找筑巢材料，如枯草、小树枝等；另外，大多数鸟用嘴衔的方式搬运材料。

观察更多的鸟巢，通过拍照或画图的方式记录下来，并与同学分享。

二、做一个鸟巢模型

不同的鸟巢选材不同，结构也不同。仔细观察，尝试与同学合作建造一个鸟巢模型。

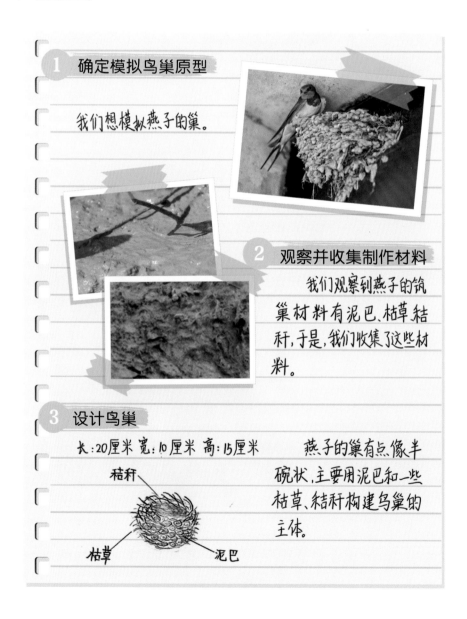

1 确定模拟鸟巢原型

我们想模拟燕子的巢。

2 观察并收集制作材料

我们观察到燕子的筑巢材料有泥巴、枯草秸秆，于是，我们收集了这些材料。

3 设计鸟巢

长:20厘米 宽:10厘米 高:15厘米

秸秆

枯草　泥巴

燕子的巢有点像半碗状,主要用泥巴和一些枯草、秸秆构建鸟巢的主体。

4　根据设计图，制作模型

以木板为墙,用材料模拟燕子筑巢的方法来筑一个燕子的巢。

5　体会

在筑燕子巢的过程中,我们发现泥巴很难粘在墙上,但秸秆和枯草具有连接作用,可以使巢更加稳固。

　　我们在野外观察鸟类时，为了不影响鸟儿的生活，一般借助望远镜来观察。当我们看到鸟儿的巢时，不要接近鸟巢，安静地观察就行了。

第六课　观鸟现场赛

我们一起去参加户外观鸟活动。

不如我们进行观鸟比赛吧。

一、比赛流程

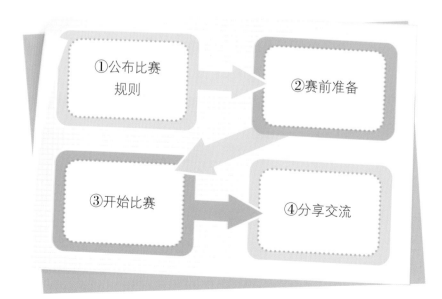

①公布比赛规则 → ②赛前准备

③开始比赛 → ④分享交流

比赛开始啦! 我该怎么记录鸟才符合规则呢?

和我一起去现场看看吧。

二、比赛过程

指导老师公布比赛规则

比赛内容分为两项,计算两项的总得分,分数高者为优胜者。

第一项

图片识鸟

本项共 40 张图片,每张 1 分,共 40 分。

第二项

观鸟记录

本项分数不限,每观察记录 1 种得 1 分。

参赛者注意事项

①图片识鸟需独立完成。

②听鸟声辨认并记录的鸟种,经评委确认也算有效答案。

③指导老师要做好学生的安全教育工作。

赛前准备

准备个人的比赛用品，如地图、纸、笔、记录板、饮用水等。根据比赛地图制订计划，确定观察点，规划高效、安全的观鸟路径。

望远镜　　　　　饮用水　　　　　记录板　　　　　　相机

开始比赛

不同的人喜欢用不同的方式记录信息，选择最适合自己的记录方式。

表格记录

观鸟记录表				
日期	2020年7月22日	地点	海珠湿地	记录人 张明
编号	鸟名	数量	生境	备注
1	苍鹭	3	浅滩中	在造窝
2	八声杜鹃	1	树丛中	在鸣叫
3				

照相记录

一般来说，用焦距 400 毫米以上的相机镜头比较适合拍摄鸟类。

自然笔记记录

自然笔记就是用简单的图画或文字等来进行记录。

分享交流

比赛结束后，提交观鸟记录表或自然笔记等，评委根据结果表扬优胜者。老师还可以组织参赛学生交流比赛的趣闻及其他重要的内容。

第四单元　湿地家园

第 一 课 水雉的故事

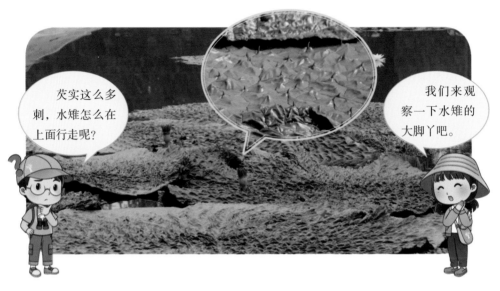

芡实这么多刺，水雉怎么在上面行走呢？

我们来观察一下水雉的大脚丫吧。

一、水雉的大脚丫

看下图，水雉是如何行走于长满刺的芡实叶子上的？

水雉幼鸟

水雉成鸟

水雉的脚趾较长，趾间没有蹼，可以在芡实叶子上行走而不被刺伤。

二、水雉的生活

水雉因其繁殖羽美丽，被称为"凌波仙子"。它在广东属于夏候鸟，通常在芡实等挺水、浮叶植物的叶子上活动。

1 每年初夏，水雉会从远方飞来，寻找繁衍之地。

2 换上了繁殖羽的水雉，化身"凌波仙子"，在芡实叶面上自由行走。不久后寻找伴侣，繁衍后代。

3 水雉妈妈产完卵之后会离开，孵卵、育雏等工作将由水雉爸爸来完成。

4 小水雉孵出后在芡实叶上慢慢长大，到了秋天就会离开它们出生的地方。来年它们会像它们的父母一样再次飞回这里，繁衍后代。

水雉的天敌有老鼠、蛇类等，但它们难以在长满刺的芡实叶上活动，所以，水雉在芡实叶上产的卵和孵出的幼鸟被天敌攻击的概率很小。

芡实叶上的水雉

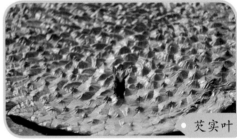

芡实叶

此外，水雉还会在其他挺水和浮叶植物的叶子上栖息繁衍，比如睡莲、大薸等。

睡莲叶上的水雉

睡莲叶

大薸叶上的水雉

大薸叶

三、水雉的邻居

芡实、睡莲、大藻等植物为水雉提供了生活的场所，其他种类繁多的湿地植物也为许多动物提供了良好的生存繁衍环境。

黄苇鳽
jiān

黄苇鳽在水烛丛中可以很好地隐蔽自己。

福寿螺

福寿螺妈妈将卵产在再力花的茎上，这样水中的鱼就难以吃到福寿螺的卵了。

黑水鸡

黑水鸡会利用很多湿地水草筑巢。

底栖生物

有许多底栖生物在海边红树林发达的根系上附着生活。

湿地的植物中还藏着哪些动物呢？我们一起去湿地找找吧。

第二课　蜻蜓和豆娘

一、蜻蜓和豆娘的外形特征

蜻蜓和豆娘是湿地常见的昆虫，它们长得很相似。但当你仔细观察它们的外形时，会发现它们有很多不同之处。

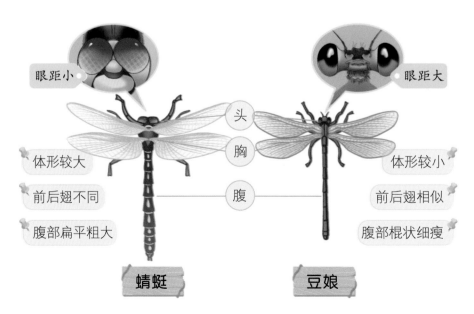

二、蜻蜓和豆娘的行为特征

| 蜻蜓 | 豆娘 |

蜻蜓停歇时翅膀一般是展开的，它的飞行速度非常快。

豆娘停歇时翅膀一般是合拢的，它的飞行速度比较慢。

三、蜻蜓和豆娘的一生

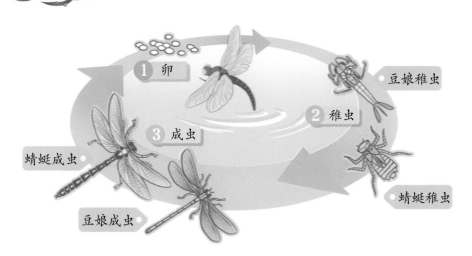

蜻蜓和豆娘都是半变态发育的昆虫，它们一生中只有卵、稚虫和成虫三个阶段。蜻蜓和豆娘的稚虫是在水里生活的，所以，它们都喜欢依水而居。

四、蜻蜓和豆娘的趣事

蜻蜓和豆娘都是肉食性昆虫。

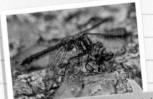

看！一只蜻蜓正在捕食苍蝇。

某种蜻蜓稚虫

某种豆娘稚虫

豆娘也在享受昆虫大餐。

不同种类的蜻蜓和豆娘的稚虫喜欢不同的水质。因此，人们可以根据水体中稚虫的类型来判断水质。

快看，蜻蜓和豆娘正在进行"花式"产卵呢！其中，我们最常见到的是点水式产卵。

点水式

空投式

插入式

黏附式

潜水式

活动：自然笔记——蜻蜓和豆娘

蜻蜓

海珠湿地（2020年6月5日）

豆娘

海珠湖边（2020年7月30日）

把你观察到的蜻蜓或豆娘记录下来吧。

我的自然笔记

时间：　　　　　　地点：　　　　　　　　记录人：

第三课 常见的螺

那些红色的东西是什么?

一、螺的小时候

福寿螺的卵

福寿螺把卵产于水面以上干燥物体或植物的表面,刚产下的卵直径约2毫米,粉红色,诸多卵整齐排列成一个卵块。

非洲大蜗牛一般把卵产于腐殖质多且潮湿的土壤下1～2厘米深的土层中。卵呈椭圆形,直径4～5毫米,乳白色或淡黄色。

非洲大蜗牛的卵

小田螺

田螺的卵是在母螺体内发育的,母螺经过一年左右的时间才从体内产出仔螺。

二、漂洋过海的福寿螺

福寿螺原产于南美洲，喜欢生活在水质清新、食物充足的淡水中，以浮萍、蔬菜、瓜果等为食。在我国，福寿螺是外来入侵物种，生态危害大，我们要严格控制它的传播蔓延。

福寿螺

三、"不速之客"——非洲大蜗牛

非洲大蜗牛又叫褐云玛瑙螺，喜欢在潮湿的陆地上活动，一般在夜间或下雨后出没，以各种农作物为食。在我国，非洲大蜗牛是外来入侵物种，生态危害大。

非洲大蜗牛

四、会"中暑"的田螺

田螺广泛分布于各地的淡水湖泊、水库、稻田、池塘等，喜欢夜间活动和摄食，主要吃水生植物的嫩茎叶、藻类等。

田螺

第四课 鱼类

快看！滩涂上跳来跳去的是什么？

这是跳跳鱼吧。

一、"行走"在滩涂上的弹涂鱼

海水退潮后，原本在海水中的弹涂鱼常在滩涂上匍匐或跳动，所以又被称为"跳跳鱼"。

水中的弹涂鱼

滩涂上的弹涂鱼

弹涂鱼是如何在滩涂上生存的？

特殊的鱼鳍

仔细观察弹涂鱼的胸鳍，与其他的鱼鳍有什么不同？

弹涂鱼的胸鳍变成了像腿一样的器官，可以在滩涂上爬行。

弹涂鱼利用特化的胸鳍爬行或跳跃。此外，它的腹鳍愈合成吸盘状，利用腹鳍的吸附作用，它可以爬到红树植物上。

自带"储水罐"的呼吸器官

鱼鳃是鱼类在水中呼吸的器官。在滩涂上，弹涂鱼是怎样呼吸的呢？

弹涂鱼的两颊之间有个"储水罐"，可以使鱼鳃保持湿润，从而能够在滩涂上正常呼吸。

弹涂鱼湿润的皮肤也可以帮助它呼吸。虽然弹涂鱼能在陆地上活动，但它不能长时间离开水。

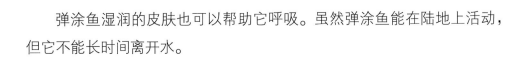

广东沿海常见的三种弹涂鱼

广东沿海常见的弹涂鱼有弹涂鱼、大弹涂鱼和大鳍弹涂鱼三种。观察它们的形态特征，并区分这三个种类。

	体长	体色	背鳍
第一背鳍 第二背鳍 弹涂鱼	约8厘米	灰棕色，有不规则的黑色斑纹	第二背鳍与尾鳍间隔较大
大弹涂鱼	约10厘米	棕褐色，有许多亮蓝色小点	第二背鳍延长接近尾鳍
大鳍弹涂鱼	约8厘米	整体呈灰棕色	背鳍棕红色明显，第一背鳍较大，第二背鳍与尾鳍间隔较大

弹涂鱼和大鳍弹涂鱼主要摄食小型水生动物，而大弹涂鱼主要摄食底栖藻类。

弹涂鱼有趣的生态行为

你知道弹涂鱼有哪些有趣的生态行为吗？和小伙伴说说吧。

弹涂鱼在洞口

雄性弹涂鱼会用嘴巴衔泥筑成深约50厘米的洞穴，这个洞穴就是它的巢。洞口的泥堆得越高越容易引起雌鱼的注意。弹涂鱼利用这些洞穴躲避危险，同时雌鱼还会将卵产在洞穴底部以安全孵化。

经过细心观察，我发现这两条雄性弹涂鱼张大嘴巴在愤怒地"对吼"，它们正在争夺领地呢！

弹涂鱼这么有趣，和家人一起去滩涂湿地观察吧。

二、湿地经济鱼类——"四大家鱼"

认识"四大家鱼"

我国的淡水鱼种类很多，常见的有青鱼、草鱼、鲢鱼、鳙鱼，它们被称为"四大家鱼"。

"四大家鱼"栖息的水层和食物不同，将它们混养在同一片水域有什么好处呢？

鲢鱼：栖息在水域上层，以硅藻、绿藻等浮游植物为食。

鳙鱼：栖息在水域的中上层，以水蚤等浮游动物为食。

草鱼：栖息在水域中下层和水草多的岸边，主要以水草为食。

青鱼：栖息在水域中下层，主要以螺、蚌等底栖动物为食。

辨认"四大家鱼"

观察比较"四大家鱼"的形态特征，根据右边的文字提示，尝试辨认它们，并用线连一连。

青鱼 体形呈圆筒形，体表覆盖较大圆鳞片。体色青黑色，鱼鳍黑色。

草鱼 前部略呈圆筒形，后部侧扁，体表覆盖较大圆鳞片。体背侧青褐带黄色，体侧银白带黄色，鱼鳍灰色。

鲢鱼 体形侧扁，腹部狭窄，自胸鳍基部至肛门具一肉棱，眼小、位置偏低。体色较淡，故又称"白鲢"。

鳙鱼 体形侧扁，自腹鳍基部至肛门具一肉棱，眼小、位置偏低。头大而圆胖，故又称"胖头鱼"。体背侧及体侧灰黑色，体侧具不规则黑色花纹，故俗称"花鲢"。

在生活中，请学会辨认"四大家鱼"。

第（五）课 守护湿地

人类的很多活动都对湿地有影响，有一些是有利的，也有一些是不利的。

你知道人类的哪些活动会对湿地造成影响？

一、人类活动对湿地的影响

湿地对我们的生活影响巨大，我们使用湿地资源的同时，也要保护湿地不受破坏。

广州南沙湿地景观

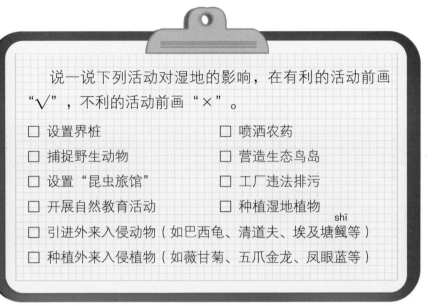

　　说一说下列活动对湿地的影响，在有利的活动前画"√"，不利的活动前画"×"。

☐ 设置界桩　　　　　　☐ 喷洒农药

☐ 捕捉野生动物　　　　☐ 营造生态鸟岛

☐ 设置"昆虫旅馆"　　　☐ 工厂违法排污

☐ 开展自然教育活动　　☐ 种植湿地植物

☐ 引进外来入侵动物（如巴西龟、清道夫、埃及塘鲺(shī)等）

☐ 种植外来入侵植物（如薇甘菊、五爪金龙、凤眼蓝等）

二、保护和恢复湿地的方法

① 种植湿地植物

　　种植适宜生长在湿地的植物，如落羽杉、池杉、芦苇、水烛、秋茄、桐花树和莲等。

肇庆星湖湿地种植的落羽杉

2 营造鸟类生态岛

通过设置滩涂区域、放置枯木、增加临水面区域和设置鱼虾通道等措施，营造鸟类生态岛。

肇庆星湖湿地的鸟岛吸引了众多水鸟在此栖息

3 加强人工保护措施

通过分区保护、清淤、清除外来物种、设置"昆虫旅馆"、设置界桩、做好科普宣传和立法保护等措施，加强对湿地的保护。

深圳华侨城湿地的科普宣传牌

三、设计"守护湿地"游戏棋

你喜欢玩游戏棋吗?我们一起来设计一个以"守护湿地"为主题的游戏棋吧。

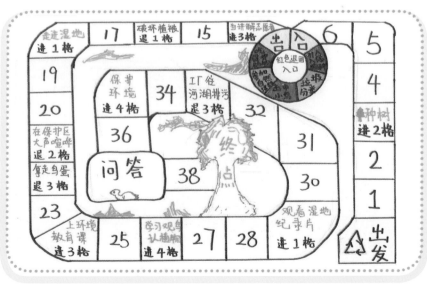

让我们一起行动起来,保护湿地!

参 考 文 献

[1]蔡锦文．鸟巢[M]．台北：商周出版社，2007．

[2]广西壮族自治区水产研究所，中国科学院动物研究所．广西淡水鱼类志[M]．南宁：广西人民出版社，2006．

[3]国家林业局．中国湿地资源：总卷[M]．北京：中国林业出版社，2015．

[4]郭盛才．广东湿地类型及其分布特征研究[J]．广东林业科技，2011，27(1)：85-89．

[5]何仲坚，朱纯，冯毅敏．广东湿地植物资源概况[J]．广东园林，2006(S1)：20-23．

[6]赖作莲．珠江三角洲基塘农业研究[D]．咸阳：西北农林科技大学，2001．

[7]李辰．广东金利龙舟文化研究[D]．南宁：广西民族大学，2016．

[8]廖宝文，李玫，管伟，等．广州南沙湿地：红树林篇[M]．广州：南方日报出版社，2017．

[9]MACKINNO J，PHILLIPP K．中国鸟类野外手册[M]．卢何芬，译．长沙：湖南教育出版社，2000．

[10]马学军，卜标．中国常见野鸟700种[M]．广州：新世纪出版社，2017．

[11]王国强．岭南龙舟文化[D]．广州：暨南大学，2006．

[12]王航东，张殿亮．对龙舟文化起源与功能的新思考[J]．广州航海学院学报，2014，22(4)：38-40．

[13]王洪珅．中华龙舟文化演变的生态适应论绎[J]．北京体育大学学报，2017，40(6)：134-139．

[14]王明宝，陈斌．中华圆田螺特征特性及池塘人工养殖技术[J]．现代农业科技，2012(9)：343-347．

[15]伍广津．龙舟划桨技术探讨[J]．广西民族学院学报(自然科学版)，2000(2)：150-153．

[16]尹琏，费嘉伦，林朝英．中国香港及华南鸟类野外手册[M]．长沙：湖南教育出版社，2017．

[17]余平．广州市海珠湿地果园景观改造研究[D]．广州：仲恺农业工程学院，2014．

[18]张婷．龙舟竞渡演变历程研究[D]．荆州：长江大学，2015．

[19]赵欣如．中国鸟类图鉴[M]．北京：商务印书馆，2018．

[20]中国科学院中国植物志编辑委员会．中国植物志[M]．北京：科学出版社，2006．

[21]中国水产科学研究院珠江水产研究所，华南师范大学，湛江水产学院．广东淡水鱼类志[M]．广州：广东科技出版社，1991．

致　　谢

广东省湿地保护协会（以下简称"协会"）自2014年成立以来，致力于宣传生态文明和湿地保护理念。协会关注青少年的湿地科普教育，近年来开展了科普进校园等系列活动，其间得到学校、家长、学生的热心支持和欢迎及会员单位的大力协助。我们在多年湿地科普教育经验总结的基础上组织编写本书，希望借本书的出版，为广大青少年提供了解湿地的途径，也为广东省湿地科普宣传教育尽绵薄之力。

本书自2017年开始研发，经课程试教、活动实践、反馈修改等环节，不断丰富完善。在主管部门广东省林业局、协会会员及各合作单位的支持下，此书得以出版。在此，特别鸣谢棕榈生态城镇发展股份有限公司、广州普邦园林股份有限公司、岭南生态文旅股份有限公司、深圳市铁汉生态环境股份有限公司、广东省林业调查规划院、华南农业大学林学与风景园林学院、广东省林业科学研究院、广东省数字广东研究院、广东省建筑设计研究院、广州草木蕃环境科技有限公司、广东省岭南综合勘察设计院、广东生态工程职业学院、广东省环境教育促进会、广东广州海珠国家湿地公园、广东星湖国家湿地公园、广东湛江红树林国家级自然保护区、广东珠海淇澳—担杆岛省级自然保护区、广州南沙湿地景区、广东孔江国家湿地公园、广东麻涌华阳湖国家湿地公园、广东海丰鸟类省级自然保护区、广东海陵岛红树林国家湿地公园、广东深圳华侨城国家湿地公园、广东万绿湖国家湿地公园及阿拉善SEE珠江项目中心等单位为本书编写和科普活动给予的支持和帮助！感谢为本书提供咨询及精美图片的胡慧建、佟富春、邓双文、王瑁、缪绅裕、张春霞、何韬、陈锡昌、陈东豪、冯敏昭、蒋晓迪、张福庆、罗慧娟、谢惠强、李亮、晁丽芳、刘昌言、李继刚、杨佐兵、黄文彬、蒲雄英、谢耀明、余秀明、梁剑锋、陆海华、陈粤超、谢勇东、李坤阳、甘美娜，以及其他为本书编写予以帮助和支持的人士，在此不一一列名，谨一并致谢！

湿地资源丰富而独特，内容涉及范围广泛，因编写时间仓促和编者水平所限，如有错漏或不当之处，敬请指正。

广东省湿地保护协会

2020年10月